Traces of Time

岁月留痕

席 明 著

中国摄影出版传媒有限责任公司

China Photographic Publishing & Media Co., Ltd.

中国摄影出版社

图书在版编目（CIP）数据

岁月留痕 / 席明著 . -- 北京 ：中国摄影出版传媒
有限责任公司， 2021.11
　ISBN 978-7-5179-1123-4

　Ⅰ．①岁… Ⅱ．①席… Ⅲ．①工业建筑－文化遗产－
中国－摄影集 Ⅳ．① TU27-64

　中国版本图书馆 CIP 数据核字（2021）第 241667 号

《岁月留痕》

作　　者：席　明

策划编辑：李丽丽

责任编辑：盛夏

出　　版：中国摄影出版传媒有限责任公司（中国摄影出版社）

　　　　　地　　址：北京市东城区东四十二条 48 号 邮编：100007

　　　　　发 行 部：010-65136125　65280977

　　　　　网　　址：www.cpph.com

　　　　　邮　　箱：info@cpph.com

印　　刷：北京雅昌艺术印刷有限公司

开　　本：12 开

印　　张：18

版　　次：2021 年 12 月第 1 版

印　　次：2021 年 12 月第 1 次印刷

ISBN 978-7-5179-1123-4

定　　价：398 元

悄悄的我走了，

正如我悄悄的来；

我挥一挥衣袖，

不带走一片云彩。

徐志摩

十九世纪最有逻辑的唯美主义者马拉美说，世界上的一切事物的存在，都是为了在一本书里终结。今天，一切事物的存在，都是为了在一张照片中终结。

苏珊·桑塔格《论摄影》

目录

序

纵观世界摄影历史，从肖像摄影到纪实摄影，从现实主义风格到概念摄影，工业化题材没有离开过人们的视野，它成为表现和推动摄影观念、社会价值变化的力量，成为人类学和社会学的珍贵历史记录，成为个人表达的艺术观念和价值观念的阐释。

在中国，工业化时代和工业变革的进程中，不少摄影家拿起相机记录下时代变迁。席明先生在后工业化时代，选择了一处废弃的厂区进行创作，用这些颇具社会学视野的作品记录工业发展进程，展现了摄影的力量。

在他的镜头里，没有猎奇，没有尖锐，没有焦虑、紧张、躁动的欲望，他的画面中似乎一切都衰败了，厂房、烟囱、屋顶、窗和天空，全部凝固在寂静中。时光已逝，那里仿佛是一座停滞的旧城，仅有一点儿迷离的诗意、漂移、不确定以及梦一般的恍惚。席明的摄影作品，就如同佛瑞兰德的作品那样，散发着温和、迷失、自在、孤寂和无意义的魅力，进而触及了令我惊异的"核：虚无的世界？"。

1973年桑塔格就曾经写过这样的话："所有的照片都是死亡的象征。拍照片就是参与到另一个人或物的死亡、脆弱和易变之中。正是通过分割此刻并将其凝固，所有照片都证实了时间的无情流逝。"席明通过他的摄影，表达了同样的意思："把一个场景或一幢房子拍下来，它就得以永久保存。"在这个急速膨胀的城市超级空间中，避于热点事件，远离时尚，"无目的性"地记录下城市的某一个空间，席明的"摄影眼"看到的"无意义的一瞬"，毫无疑问，正是他摄影视觉经验的拓展。

时代需要这样的记录。

是为序。

牛憲民

在社会发展的历史长河中，有很多事情出乎我们意料，它们就像一只只蝴蝶，在鲜花中翩翩起舞，在风雨中垂死挣扎，注定不能陪伴我们走到春天。

改革开放以后，随着市场和空间的变化，企业的经营状况也发生着很大改变。部分企业或由于体制机制的不适应，或由于管理不善，或由于技术落后，严重不适应市场经济的发展，效益下滑。城市化的快速发展，也使原本位于郊区的工厂陷入高楼大厦的包围中，迫使它们搬迁到更偏远的地方。这些企业或被淘汰，或被搬迁，留下一片拆迁后的废墟。废墟也是一座丰碑，它承载了曾经的辉煌、自豪和记忆，承载了几代人的青春和汗水，它留给我们的不仅是感悟和反思，更激励着我们从历史走向明天……

北斗指东南，万物至此皆盛。

我仔细观察，一切都是影响着我。

寇德卡

我真的相信有些东西如果我不拍下来就没人会看见。

黛安·阿勃丝

相机是我的工具。透过它，我给
周遭的事物一个理由。

安德烈·凯尔泰斯

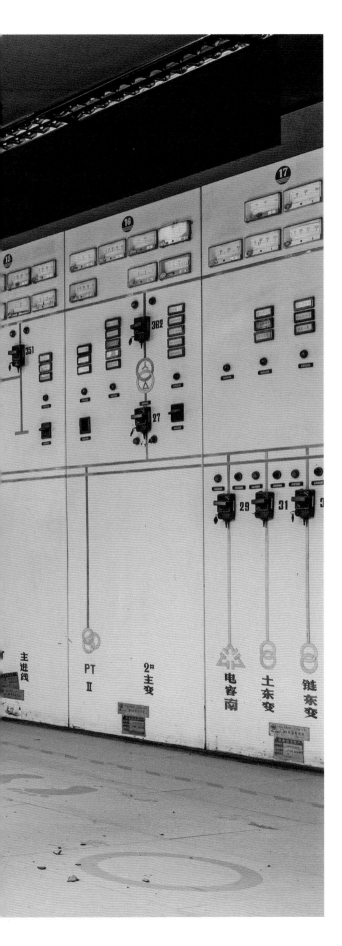

有了合适的光线
和恰当的时机，
所有的一切都变得不同寻常，
美妙无比。

阿隆·罗斯

相机是顺畅地邂逅那另一个现实的手段。

杰里·于尔斯曼

一个物件，讲述各种物件
的丧失、毁灭、消亡。

贾斯珀·约翰斯

阳气渐退，阴气渐生，万物逐渐萧落。

我不认为一个人观察自身及他周围的环境是为了个人利益，这种观察与寻找的行为是与生俱来的，这正是促使我拍摄的动力。

我想要世界记住我拍的人和他们的问题，希望能针对世界上发生的事创造一种讨论。

萨尔加多

手机存放处

锤击还能鸣响的钟吧，
背弃你美丽的约定。
万物皆有裂痕，
如是阳光照进。

                    莱昂纳德·科恩

807罐　　808罐　　809罐　　810罐　　811罐　　812罐

702罐　　703罐　　704罐

摄影师所拍摄的对象总是在
不断地变化、消失，
它们一旦消失，
世上再没有什么方法能够让它
们恢复原样。

亨利·卡蒂埃 – 布列松

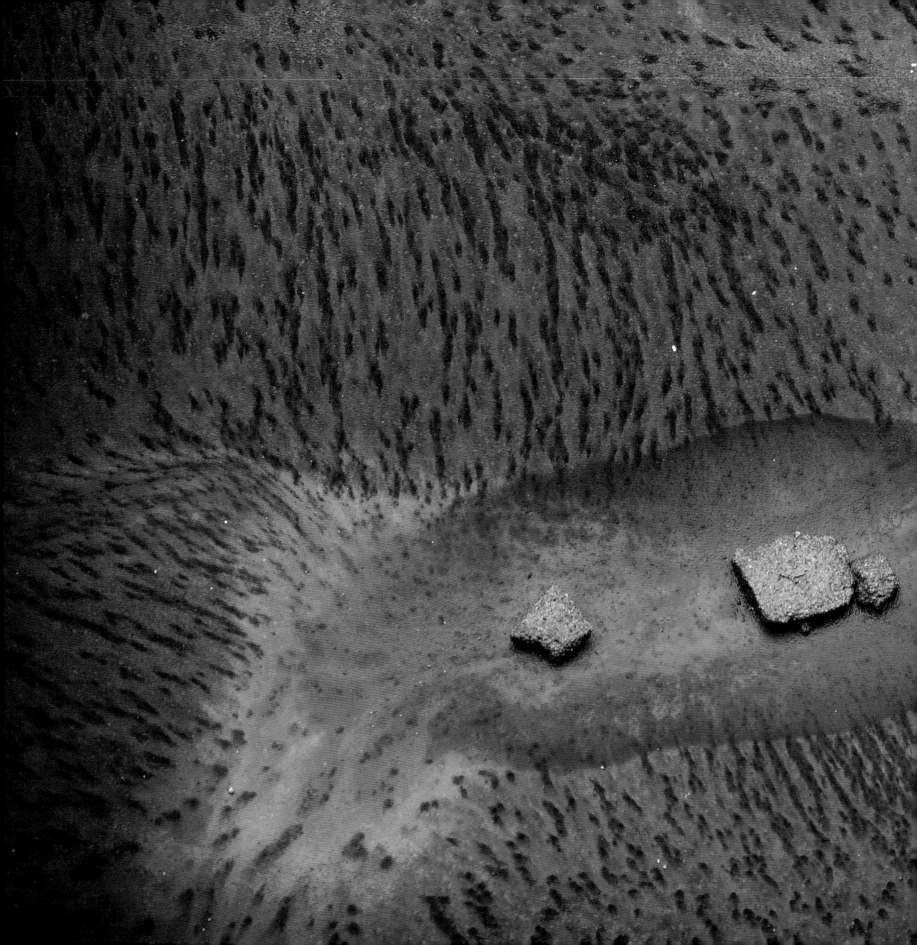

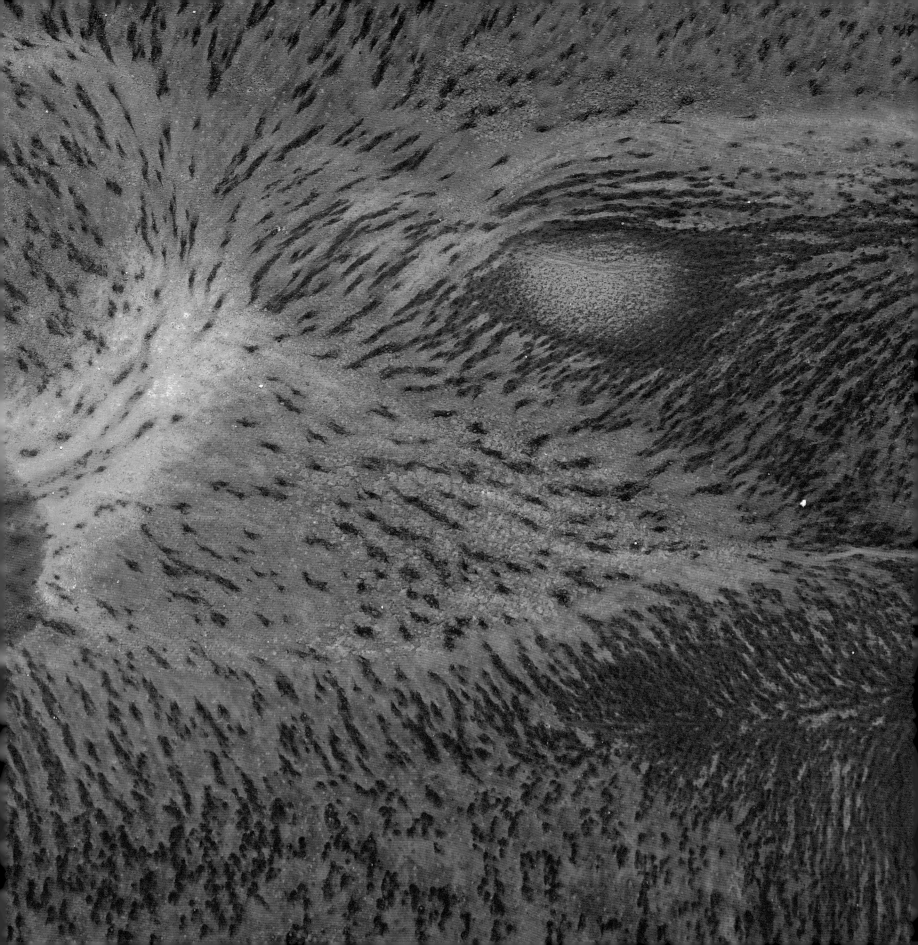

生气闭蓄，万物进入休养、收藏状态，终也。

艺术家
是在现实世界中
仍秉持着梦想的梦想家。

乔治 · 桑塔亚那

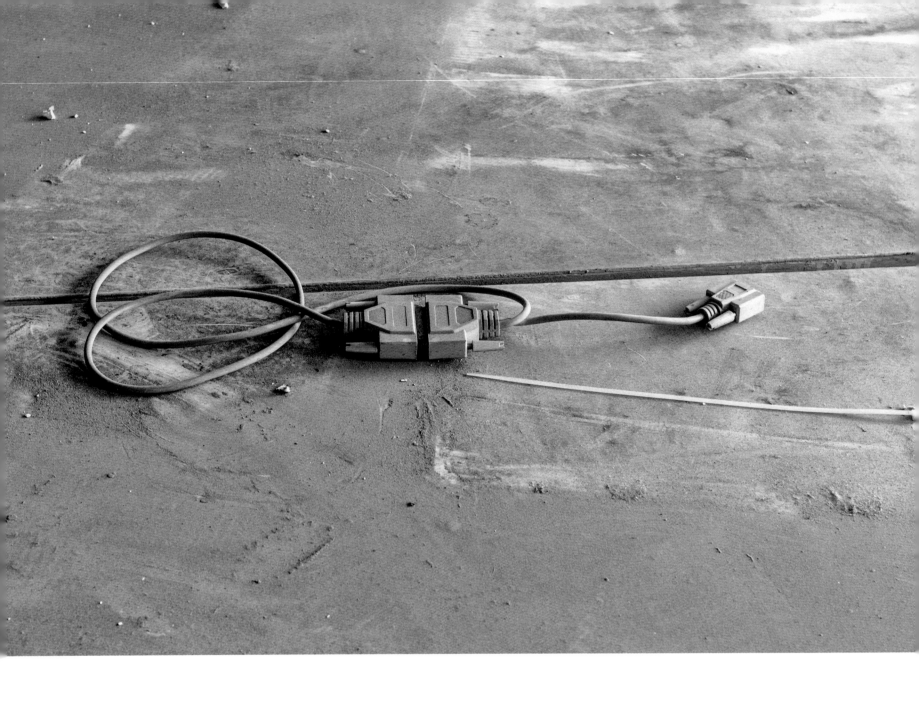

每位摄影师对世界都有独特的看法，但要想深触摄影的灵魂，则需要问自己："我要通过摄影表达什么？"

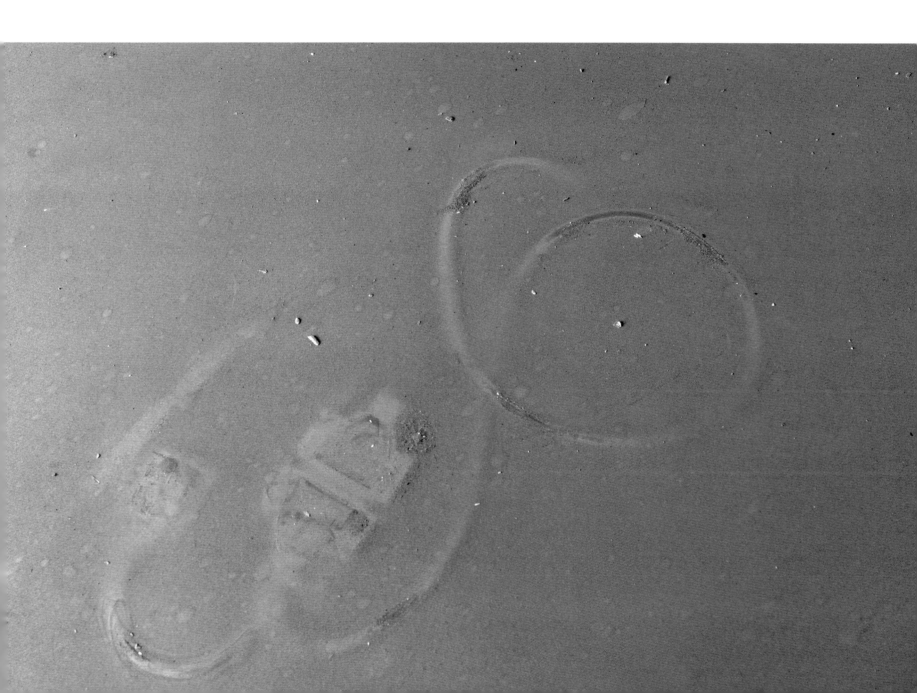

只有当我装扮成盲人，
世界才不会视我而不见。

拉尔夫·埃里森

任何事物，即使只是一片草叶，
只要你悉心观察，
也会发现其间蕴含着神秘的、
无可比拟的这调和壮丽，
着实令人敬畏。

亨利·米勒

相机的美德，不在于使摄影师
变成艺术家，
而在于赐予他们刹那间的灵感。

布鲁克斯·安德森

定　置
FIXATION
名　称　清洁用品
数　量　一套
负责人　运行各值

任何命运，无论如何漫长复杂，实际上只反映一个瞬间：人们大彻大悟自己究竟是谁的瞬间。

博尔赫斯

作者简介

席 明

江苏沛县人。

1968年上山下乡到山东省金乡县渔山人民公社随楼大队。

1971年赴海南岛参加南繁南育工作，1973年考入山东省济宁市商业学校，1975年以后长期从事企业管理工作。

20世纪90年代参与编著《现代企业劳动人事管理》（高等学校教学用书）、《煤炭工业企业工资管理》（高等学校教学用书）、《现代经济师必读》等著作，并先后在《中国煤炭经济研究》、《中国矿业大学学报》等期刊上发表论文30多篇。

退休后自办民营企业。

山东省摄影家协会会员

中国摄影著作权协会会员

北京摄影艺术协会会员

主要业绩：

2017年学习摄影，先后在《大众摄影》、《中国摄影报》等刊物或影展发表摄影作品及摄影文章四十余幅（篇）。

2018年九月作品《春耕》、《论经》入展"走进新时代——第十一届西藏珠穆朗玛摄影大展"，在布达拉宫广场展出

2018年12月作品《冬日沂山掠影》获"山水画廊、灵秀沂山"全国摄影大赛优秀奖

2018年9月"运河秋韵"获山东省"好客山东 大美齐鲁"摄影大赛一等奖。并入选2021年丽水摄影节展览。

2019年8月《湖畔皮影戏》入选"大美祖国"、"大美渔村 平安渔业"全国摄影大展。并获济宁市首届摄影书

术展三等奖。

2019年9月《伴》参加第十九届平遥国际摄影大展

2019年九月《运河风光》获"千年大运河 美好新家园"全国摄影大赛优秀奖，并在杭州市运河博物馆展出收藏。

2019年九月《农村淘宝第一村》获山东省第十三届摄影艺术展优秀奖

2020年十月《庚子年小区门口的春秋》入选北京国际摄影周，并在中华世纪坛和北京展览馆展出

2021年九月《环卫工人风采》、《时光荏苒》获山东省第十四届摄影艺术展优秀奖。

2019年4月在中国摄影出版社出版摄影著作《大器晚成》

跋

我是一个"50后"。岁月匆匆，光阴如梭，转眼到撰写回忆录的年龄了。

"50后"是一个特殊时期的群体，他们经历了太多的风风雨雨、沟沟坎坎。有人说这些人饱经风霜，也有人说他们步履艰难。我脑海里最初的影像是从1957年冬随父母下放劳动时的情景，山东省济宁市金乡县马庙乡南周楼村祠堂冰冷的土屋是我记忆中的第一张图片；紧接着是如火如荼的"大跃进"时期、大炼钢铁等狂热的影像。三年困难时期，缺衣少食的生活和一些伙伴夭折的情景历历在目。好在我的童年无恙。少年时期，我的面前就没有过一张平静的书桌，轰轰烈烈的"文化大革命"、"大串联"的洪流、"破四旧"的疯狂都在们的生活中留下痕迹。衣中的书本还没有翻完，我就挤进上山下乡的列车，在农村插队落户达5年之久，这期间有失望，也有绝望。后来，我又随着返城的知识青年大军和"50后"这个群体共同经历了：就业、下岗、文凭、计划生育、改革开放、市场经济……，这些都是我生命中厚重的痕迹。

有人说"50后"是成功的一代，也有人说"50后"被是耽误的一代。我不知道该怎么说。我仅知道他们就像一座座耸立的无字碑，用生命默默刻写曾经的青春和风雨。"50后"喜欢回忆，他们的回忆里有欢乐也有悲伤；"50后"不喜欢谈将来，他们的将来里没有如果。"50后"的特殊经历是后辈人无法效仿的，那个时代的人有一种浸入骨髓的特殊气质，一种倔强，一种潇洒，更有一种经历过风浪后的淡泊与宁静。

生命本来是一场漂泊的远行，注定要走过成功与失败，经历喜怒哀乐、生死离别。经过岁月的洗礼，我的心态变得日渐平和，宠辱不惊，能够坦然地面对这些生命中的痕迹。

一路风雨，一路留痕。

是为跋。

席　明

2021 年 2 月 11 日